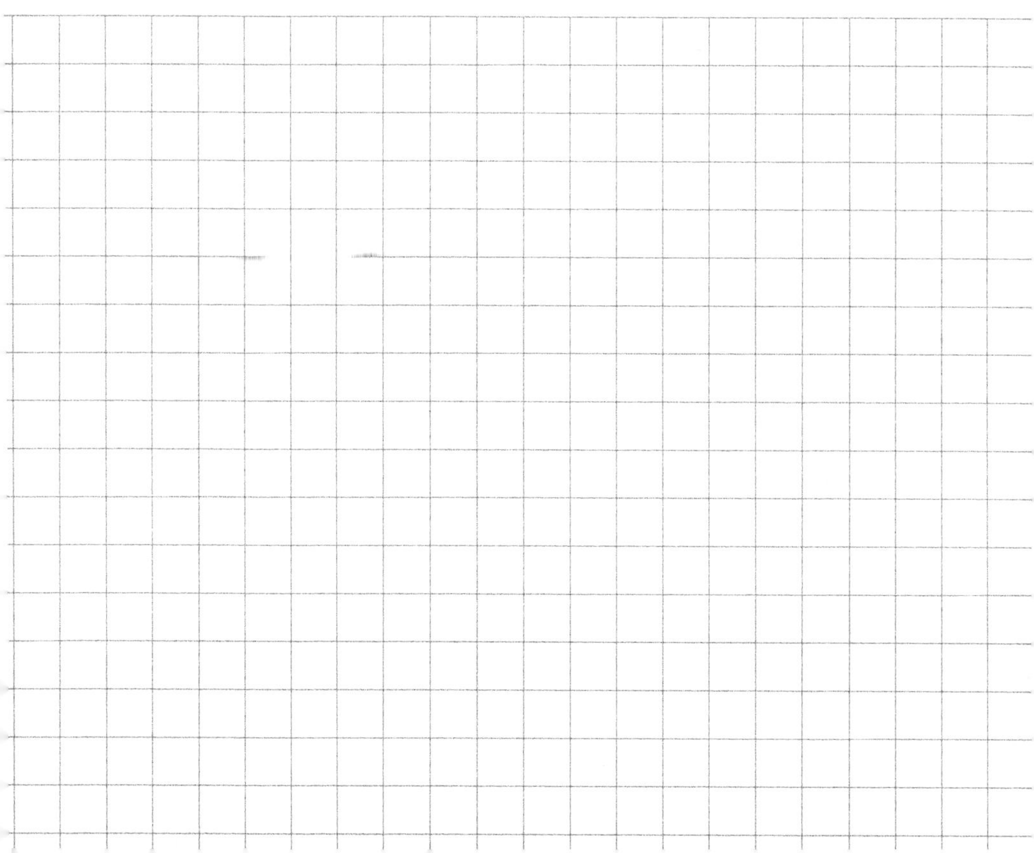

www.ingramcontent.com/pod-product-compliance
Lightning Source LLC
Chambersburg PA
CBHW071411220526
45469CB00004B/1248
9781725701854